Säugetiere entlang des Alaska Highway

Rollin H. Baker

Writat

Diese Ausgabe erschien im Jahr 2023

ISBN: 9789359251424

Herausgegeben von
Writat
E-Mail: info@writat.com

EINFÜHRUNG

Säugetiere entlang des Alaska Highway wurden in den Sommern 1947 und 1948 von Herrn JR Alcorn, dem Außendienstmitarbeiter des Museums, für das Naturkundemuseum der University of Kansas beschafft. Er und seine Familie besuchten vom 9. Juni 1947 bis zum 6. September 1947 und erneut vom 8. Juni 1948 bis zum 24. August 1948 in einem Auto und Anhänger Alberta, British Columbia, das Yukon-Territorium und Alaska. Im Jahr 1947 beträchtlich Zeit verbrachte Alcorn in Alaska; Fahrten erfolgten auf dem Steese Highway nach Circle und auf dem Glenn Highway nach Anchorage. Im Jahr 1948 wurde der größte Teil der Sammlung in British Columbia und im Yukon-Territorium durchgeführt, es wurde jedoch ein Abstecher nach Haines, Alaska, unternommen. Die Sammelstationen sind in Abbildung 1 dargestellt. Zu den 1.252 Exemplaren von Alcorn gehören mehrere große Serien aus Gebieten, in denen zuvor nur wenige oder keine Säugetiere gefangen wurden. Die Zeit, die an jeder Sammelstation verbracht wurde, war von kurzer Dauer (in der Regel weniger als drei Tage), und obwohl in den Sammlungen 56 Arten und Unterarten von Säugetieren vertreten sind, wird anerkannt, dass nicht alle Säugetierarten an einem Ort gefangen wurden.

Für die Leihgabe von vergleichendem Säugetiermaterial gilt unser Dank den Beamten der folgenden Institutionen: California Academy of Sciences; Sammlung „Biological Surveys" des US-Nationalmuseums; Provinzmuseum, Victoria, BC; Nationalmuseum von Kanada. Wir würdigen auch die Schnelligkeit der Beamten der Wildkommissionen der betreffenden Provinzen und Territorien bei der Erteilung von Sammelgenehmigungen. Ein Teil der Mittel für die Feldarbeit wurde durch einen Zuschuss der Kansas University Endowment Association bereitgestellt. Höhenangaben über dem Meeresspiegel werden in Fuß angegeben. Großgeschriebene Farbbegriffe beziehen sich auf diejenigen in Ridgway, Color Standards and Color Nomenclature, Washington, DC, 1912.

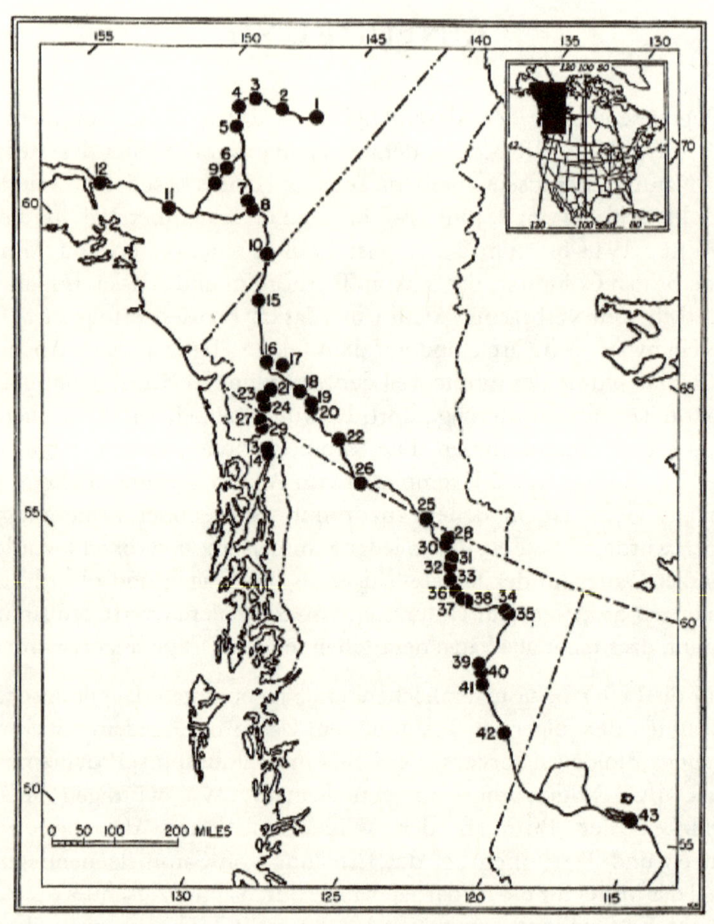

ABB. 1. KARTE MIT ORTEN, AN DENEN JR ALCORN 1947 und 1948 Säugetiere in Alaska, dem Yukon-Territorium, British Columbia und Alberta sammelte .

KONTEN ÜBER ARTEN

Sorex cinereus cinereus Kerr

Spitzmaus

Sorex arcticus cinereus Kerr, Animal Kingdom, S. 206, 1792. (Typ aus Fort Severn, Ontario, Kanada.)

Sorex cinereus cinereus Jackson, Jour. Mamm ., 6:56, 9. Februar 1925.

Exemplare untersucht. – Insgesamt 56, wie folgt: *Alaska* : Chatanika River, 700 Fuß, 14 Meilen. E und 25 Meilen. N Fairbanks, 3; N-Seite des Flusses Salcha , 600 Fuß, 25 Meilen. S und 20 Meilen. E Fairbanks, 10; Yerrick Creek, 21 Meilen. W und 4 mi. N Tok Junction, 2; E-Seite Deadman Lake, 1800 Fuß, 15 Meilen. SE Northway, 1. *Yukon-Territorium* : 6 Meilen. SW Kluane, 2550 Fuß, 1; McIntyre Creek, 2250 Fuß, 3 Meilen. NW Whitehorse, 2; W-Seite des Lewes River, 2150 Fuß, 2 Meilen. S Whitehorse, 2; SW-Ende Dezadeash Lake, 4; 1½ Meilen. S und 3 mi. E Dalton Post, 2500 Fuß, 10. *British Columbia* : Stonehouse Creek, 5½ Meilen. W jct. Stonehouse Creek und Kelsall River, 9; Heiße Quellen, 3 Meilen. WNW jct. Trout River und Liard River, 6; ¼ mi. S jct. Trout River und Liard River, 4; 5 Meilen. W und 3 mi. N Fort St. John, 1. *Alberta* : Assineau River, 1920 Fuß, 10 Meilen. E und 1 Meile. N Kinuso , 1.

Bemerkungen. — Spitzmäuse aus dem äußersten Nordwesten von British Columbia (Stonehouse Creek) sind im Durchschnitt etwas größer als typische S. c. cinereus, besonders in der Schwanzlänge. Diese Tiere zeigen eindeutige Hinweise auf eine Vermischung mit der größeren Unterart *S. c. streatori* , beziehen sich aber auf *S. c. Cinereus* . Die Blässe einiger Spitzmäuse aus Ost-Zentral-Alaska (Chatanika River und Salcha River) deutet auf eine Vermischung mit dem blassen *S. c. Hollisteri* .

Alcorn fand die Spitzmaus an den meisten seiner Fangstationen. Es wurde in Mausefallen gefangen, die mit „gekauten" Haferflocken beködert wurden; Einer wurde in einer mit einer Heuschrecke beköderten Falle gefangen. Rand (1944:35) und Alcorn stellten jeweils fest, dass diese Spitzmaus eines der am häufigsten vorkommenden Säugetiere am Alaska Highway sei, aber Alcorn fand, dass sie nicht so häufig vorkommt wie einige der Nagetiere in den Gebieten, in denen er gefangen hat. Die Spitzmaus wurde hauptsächlich in feuchten Wäldern, Grasflächen und in der Nähe von Gewässern gefangen. Ein am 18. Juli aufgenommenes Weibchen war säugend.

Sorex cinereus streatori Merriam

Spitzmaus

Sorex- Personatus Streatori Merriam, N. Amer. Fauna, 10:62, 31. Dezember 1895. (Typ aus Yakutat, Alaska.)

Sorex cinereus streatori Jackson, Jour. Mamm ., 6:56, 9. Februar 1925.

Exemplare untersucht. – Insgesamt 19, wie folgt: *Alaska* : O-Seite des Chilkat River, 100 Fuß, 9 Meilen. W und 4 mi. N. Haines, 10; 1 Meile. S Haines, 5 Fuß, 9.

Bemerkungen. — Die durchschnittlichen und extremen Außenmaße der neun erwachsenen Exemplare aus 1 Meile südlich von Haines sind wie folgt: Gesamtlänge 103 (98-105); Schwanz, 45 (43-46); und kondylobasale Länge: 16,2 (16,0–16,4). Die entsprechenden Messungen eines erwachsenen Exemplars (Nr. 1676, UKMNH) aus Sitka, Alaska, betragen 108, 47 und 16,5. Die Messungen von zehn erwachsenen Exemplaren aus dem Chilkat River, 9 Meilen westlich und 4 Meilen nördlich von Haines, betragen 100 (91-106), 44 (40-50), 16,0 (15,5-16,5). Die etwas kleinere Durchschnittsgröße der letztgenannten Exemplare weist auf einen Trend hin zu den kleineren *S. c. cinereus* , der weiter im Landesinneren vorkommt. Die Schädel einiger Exemplare aus dem Chilkat River haben ein schlankeres Rostrum als die der Exemplare aus einer Meile südlich von Haines und ähneln eher *S. c. cinereus* in dieser Hinsicht. Offensichtlich, wie von Jackson (1928:54) angedeutet, hat *S. c. streatori* bewohnt nur einen äußerst schmalen Streifen des Festlandes in der Nähe von Haines.

Sorex cinereus hollisteri Jackson

Spitzmaus

Sorex cinereus hollisteri Jackson, Jour. Mamm ., 6:55, 9. Februar 1925. (Typ aus St. Michael, Alaska.)

Exemplare untersucht. — Zwei aus *Alaska* : 1 Meile. NE Anchorage, 100 Fuß.

Bemerkungen. — Beide Exemplare dieser blassen Unterart wurden zusammen mit sechs *Clethrionomys* und einem *Mus* in einem Grasgebiet gefangen, das auf der einen Seite von der Straße und auf der anderen Seite von einem Fichtenwald begrenzt wurde. Nr. 21069, ♂?, aufgenommen am 21. August, befindet sich in der Häutung, mit einem Fleck neuen Fells am

Hinterteil und einem weiteren entlang der Mittellinie des Nackens und der Schultern.

Sorex obscurus obscurus Merriam

Dunkler Spitzmaus

Sorex obscurus Merriam, N. Amer. Fauna, 10:72, 31. Dezember 1895. (Typ aus der Nähe von Timber Creek, Höhe 8200 Fuß, Salmon River Mountains, jetzt Lemhi Mountains, 10 Meilen westlich von Junction, Lemhi County, Idaho.)

Exemplare untersucht. – Insgesamt 12, wie folgt: *Yukon-Territorium* : McIntyre Creek, 2250 Fuß, 3 Meilen. NW Whitehorse, 1; SW-Ende Dezadeash Lake, 2; 1½ Meilen. S und 3 mi. E Dalton Post, 2500 Fuß, 1. *British Columbia* : Stonehouse Creek, 5½ Meilen. W jct. Stonehouse Creek und Kelsall River, 4; W-Seite Mt. Glave , 4000 Fuß, 14 Meilen. S und 2 mi. E Kelsall Lake, 1; Heiße Quellen, 3 Meilen. WNW jct. Trout River und Liard River, 1. *Alberta* : Assineau River, 1920 Fuß, 10 Meilen. E und 1 Meile. N Kinuso , 2.

Bemerkungen. — Einige der Spitzmäuse, die im äußersten Südwesten des Yukon-Territoriums (1½ Meilen südlich und 3 Meilen östlich von Dalton Post) und im äußersten Nordwesten von British Columbia (Stonehouse Creek und Mt. Glave) gefangen wurden, weisen Anzeichen einer Vermischung mit der Küstenunterart *S. o. auf. alascensis* , in der Länge des Hinterfußes. Diese Individuen haben einen langen Hinterfuß (14 und 15); Die Hinterfüße der Exemplare aus den anderen aufgeführten Fundorten messen 13 und 14.

Alcorn stellte wie Rand (1944:35) fest, dass die Spitzmaus seltener vorkommt als die Spitzmaus; beide wurden in den gleichen Fallenlinien gefangen. Die Spitzmaus wurde in einer höheren Höhe (4000 Fuß, auf dem Mt. Glave) gefangen als die Spitzmaus.

Sorex obscurus shumaginensis Merriam

Dunkler Spitzmaus

Sorex alascensis shumaginensis Merriam, Proc. Washington Acad. Sci., 2:18, 14. März 1900. (Typ von Popof Island, Shumagin Islands, Alaska.)

Sorex obscurus shumaginensis JA Allen, Bull. Amer. Mus. Nat. Hist, 16:228, 12. Juli 1902.

Exemplare untersucht. — Insgesamt 3, wie folgt: *Alaska* : 1 Meile. NE Anchorage, 100 Fuß, 1; Glenn Highway, 6 Meilen. WSW Snowshoe Lake, 2.

Bemerkungen. — Diese drei Spitzmäuse im Vergleich zu denen, auf die *S. o. verwiesen wird. obscurus* , sind blasser und der eine vollständige Schädel hat eine etwas höhere Gehirnschale. Alle Proben wurden auf Grasflächen neben der Fahrbahn gewonnen.

Sorex obscurus alascensis Merriam

Dunkler Spitzmaus

Sorex obscurus alascensis Merriam, N. Amer. Fauna, 10:76, 31. Dezember 1895. (Typ aus Yakutat, Alaska.)

Exemplare untersucht. — Insgesamt 22, wie folgt: *Alaska* : O-Seite des Chilkat River, 100 Fuß, 9 Meilen. W und 4 mi. N Haines, 12; 1 Meile. S Haines, 5 Fuß, 10.

Sorex palustris navigator (Baird)

Wasserspitzmaus

Neosorex -Navigator Baird, Report Pacific RR Survey, 8, pt. 1, Säugetiere, S. 11, 1857. (Typ aus der Nähe des Yakima River, Cascade Mountains, Washington.)

Sorex (Neosorex) palustris navigator Merriam, N. Amer. Fauna, 10:92, 31. Dezember 1895.

Exemplare untersucht. — Insgesamt 20, wie folgt: *Alaska* : O-Seite des Chilkat River, 100 Fuß, 9 Meilen. W und 4 mi. N. Haines, 2. *Yukon-Territorium* : McIntyre Creek, 2250 Fuß, 3 Meilen. NW Whitehorse, 11; SW-Ende Dezadeash Lake, 2; 1½ Meilen. S und 3 mi. E Dalton Post, 2500 Fuß, 3. *British Columbia* : Stonehouse Creek, 5½ Meilen. W jct. Stonehouse Creek und Kelsall River, 2.

Bemerkungen. — Die Männchen mit abgenutzten Zähnen scheinen ein etwas längeres und tieferes Rostrum mit einem größeren, stärker aufgeblasenen Schädel zu haben als Exemplare von *S. p. Seefahrer* aus Washington, ähneln aber ansonsten typischen *S. p. Navigator* . Ein erwachsener Mann mit leicht abgenutzten Zähnen aus dem Dezadeash Lake hat sagittale und lambdoidale Kämme. Alle Wasserspitzmäuse wurden im Juli und Anfang August und am Gewässerrand in mit Haferflocken beköderten Fallen gefangen. Keines der Weibchen hatte Embryonen.

Myotis lucifugus Lucifugus (LeConte)

Kleine braune Fledermaus

Vespertilio Lucifugus LeConte , McMurtrie's Cuvier, Animal Kingdom, Bd. 1, Anhang, S. 431, 1831. (Typ aus Georgia; wahrscheinlich die LeConte- Plantage in der Nähe von Riceboro , Liberty County.)

Myotis lucifugus Miller, N. Amer. Fauna, 13:59, 16. Oktober 1897.

Exemplare untersucht. – Achtunddreißig aus *British Columbia* : Nordöstliches Ende des Muncho Lake.

Bemerkungen. — Die 38 Fledermäuse stammten aus einer Kolonie von etwa 75 Individuen, die auf der Südseite eines Hauses gefunden wurden. Das Papier war locker und an zahlreichen Stellen verbeult, so dass die Fledermäuse Platz zwischen dem Papier und der Außenwand hatten.

Myotis lucifugus alascensis Miller

Kleine braune Fledermaus

Myotis lucifugus alascensis Miller, N. Amer. Fauna, 13:63, 16. Oktober 1897. (Typ aus Sitka, Alaska.)

Exemplare untersucht. — Einer aus *British Columbia* : Screw Creek, 10 Meilen. S und 50 Meilen. E Teslan.

Bemerkungen. — Das Exemplar ist sowohl oben als auch unten deutlich dunkler als jedes der beiden Exemplare von *M. l. alascensis* aus Red Bluff Bay, Alaska. Alcorn durchsuchte zehn Fachwerkgebäude in einem verlassenen Lager an der Ostseite des Screw Creek nach Fledermäusen und fand nur eine Fledermaus. Es lag über etwas Kot. In anderen Gebäuden wurde kein Kot gefunden.

Ochotona collis (Nelson)

Halsband-Pika

Lagomys collaris Nelson, Proc. Biol. Soc. Washington, 8:117, 21. Dezember 1893. (Typ aus der Nähe des Tanana River, etwa 200 Meilen südlich von Fort Yukon, Alaska.)

[*Ochotona*] *Collaris* Trouessart , Katalonien . Mamm . viv . foss ., S. 648, 1897.

Exemplare untersucht. — Insgesamt 14, wie folgt: *British Columbia* : Stonehouse Creek, 5½ Meilen. W jct. Stonehouse Creek und Kelsall River, 1; W-Seite Mt. Glave , 4000 Fuß, 14 Meilen. S und 2 mi. E Kelsall Lake, 13.

Bemerkungen. — Beim Vergleich der von Alcorn erhaltenen Exemplare mit veröffentlichten Beschreibungen von *O. collaris* in Howell (1924:35) schien es, dass bei dieser monotypischen Art messbare geografische Variationen vorhanden sein könnten. Dementsprechend wurden Vergleiche mit Materialien in der Biological Surveys-Sammlung des US National Museum, des Provincial Museum, Victoria, BC, und des National Museum of Canada durchgeführt. Ein Vergleich von Exemplaren ähnlichen Alters zeigte, dass keine subspezifische Trennung gerechtfertigt ist, obwohl Tiere aus dem Yukon-Territorium, British Columbia und den Nordwest-Territorien im Vergleich zu verfügbarem Material aus Alaska tendenziell eine grauere Farbe und eine etwas längere Gesamtlänge aufweisen größerer Schädel und größere Alveolarlänge der molariformen Zahnreihe sowohl im Ober- als auch im Unterkiefer.

Die zum Vergleich verwendeten Exemplare stammten aus den folgenden Orten: *Alaska* : Mts. in der Nähe von Eagle (USBS), 15; 200 Meilen. S Fort Yukon (USBS), 2; Upper Little Delta River, Glacier Creek, Mt. Hayes-Region (USBS), 1; Glacier Creek, Mt. Hayes-Region (USBS), 3; Little Delta River, Slate Creek, Red Mt. Camp, Mt. Hayes-Region (USBS), 1; Muldron- Gletscher, Mt. McKinley (USBS), 2; Mt. McKinley (USBS), 3; Gipfel des Chugach Mts., am Richardson Highway, nördlich von Valdez (USBS), 1; Chitina River Glacier (Nat. Mus. Canada), 3. *Yukon-Territorium* : McMillan Pass, Canol Road, Meile 282 (Nat. Mus. Canada), 2; Rose River, Canol Road, Meile 95 (Nat. Mus. Kanada), 8; Tepee Lake (Nat. Mus. Kanada), 1; Conrad (Nat. Mus. Kanada), 1; in der Nähe von Teslin Lake (Nat. Mus. Kanada), 1. *Nordwest-Territorien* : Quellgebiet des Caracajou River, Canol Road, Meile 111E (Nat. Mus. Kanada), 1. *British Columbia* : White Mt., Moose Arm, Tagish Lake, Atlin (Prov. Mus., Victoria, BC), 2.

Lepus americanus macfarlani Merriam

Unterschiedlicher Hase

Lepus americanus macfarlani Merriam, Proc. Washington Acad. Sci., 2:30, 14. März 1900. (Typ aus Fort Anderson, nahe der Mündung des Anderson River, Mackenzie, Kanada.)

Exemplare untersucht. — Insgesamt 3, wie folgt: *Yukon-Territorium* : Westseite des Lewes River, 2150 Fuß, 2 Meilen. S Whitehorse, 1; 5 Meilen.

W. Teslin River, 2400 Fuß, 16 Meilen. S und 53 Meilen. E Whitehorse, 1. *British Columbia* : 14 Meilen. N Fort Halkett , W-Seite Smith River, 1.

Bemerkungen. — Alcorn berichtet, auf seinen beiden Reisen nach Alaska nur wenige Hasen gesehen zu haben. In der Nähe des Miniker River erzählte ihm ein Geologe, dass die Zahl dieser Tiere seit 1943 stetig zurückgegangen sei. Eines von drei Tieren, die am 8. Juli 1947 in einem Fichtenwald in der Nähe von Whitehorse gesehen wurden, wurde von Alcorn gefangen. Am 5. Juli desselben Jahres wurde ein Junges in einer Rattenfalle in einem Gebäude in der Nähe des Teslin River gefangen.

Tamiasciurus Hudsonicus columbiensis AH Howell

Rotes Eichhörnchen

Tamiasciurus Hudsonicus columbiensis AH Howell, Proc. Biol. Soc. Washington, 49:135, 22. August 1936. (Typ aus Raspberry Creek, etwa 30 Meilen südöstlich von Telegraph Creek, nördlich von British Columbia.)

Exemplare untersucht. — Insgesamt 18, wie folgt: *Yukon-Territorium* : McIntyre Creek, 2250 Fuß, 3 Meilen. NW Whitehorse, 1; W-Seite des Lewes River, 2150 Fuß, 2 Meilen. SW Whitehorse, 1; 2 Meilen. W. Teslin River, 2400 Fuß, 16 Meilen. E Whitehorse, 1. *British Columbia* : 1,6 km. NW jct. Irons Creek und Liard River, 1; ¼ mi. S jct. Trout River und Liard River, 3; Südseite des Toad River, 10 Meilen. S und 21 Meilen. E Muncho Lake, 3; Summit Pass, 4200 Fuß, 10 Meilen. S und 70 Meilen. W Fort Nelson, 8.

Bemerkungen. — Rand (1944:42) hatte Schwierigkeiten, den roten Eichhörnchen, die entlang des Alaska Highway im Norden von British Columbia gefangen wurden, subspezifische Namen zuzuordnen. Bei Erwachsenen, die Alcorn in diesem Bereich aufgenommen hat, wurde eine gewisse Variabilität festgestellt, wie Rand sie feststellte. Alle Exemplare, die *T. h. columbiensis* hat einen dunkleren Schwanz und mehr gelbbraune Füße als *T. h. preblei* . Der durchschnittliche Schädel von Erwachsenen ist kleiner als der Schädel eines Erwachsenen von *T. h. Preblei* aus Yerrick Creek, Alaska.

Die meisten Eichhörnchen fing Alcorn in Ratten- und Stahlfallen, wobei er „gekaute" Haferflocken sowie Fischstücke und Mäusekörper als Köder verwendete.

Tamiasciurus Hudsonicus Petulane (Osgood)

Rotes Eichhörnchen

Sciurus hudsonicus petulans Osgood, N. Amer. Fauna, 19:27, 6. Oktober 1900. (Typ aus Glacier, White Pass, Alaska.)

T[amiasciurus]. Hudsonicus Petulane AH Howell, Proc. Biol. Soc. Washington, 49:136, 22. August 1936.

Exemplare untersucht. — Insgesamt 7, wie folgt: *Alaska* : 1 Meile. S. Haines, 5 Fuß, 2. *Yukon-Territorium* : SW-Ende Dezadeash Lake, 1; 1½ Meilen. O Tatshenshini -Fluss, 2,5 km. S und 3 mi. E Dalton Post, 4.

Bemerkungen. — Exemplare aus dem äußersten Südwesten des Yukon-Territoriums scheinen dieser Unterart zuzuordnen zu sein. Das eine erwachsene Weibchen (nur Schädel, mit Körpermaßen) vom südwestlichen

Ende des Dezadeash Lake hat einen kürzeren Schädel als jedes erwachsene Weibchen von *T. h. columbiensis* . In der Serie sind keine Häute von Erwachsenen enthalten, aber die Häute von drei Untererwachsenen haben dunklere obere Teile, einen dunkleren Schwanz und weniger olivfarbene Seiten als *T. h. columbiensis* .

Tamiasciurus Hudsonicus preblei AH Howell

Rotes Eichhörnchen

Tamiasciurus Hudsonicus preblei AH Howell, Proc. Biol. Soc. Washington, 49:133, 22. August 1936. (Typ aus Fort Simpson, Mackenzie District, Northwestern Territories.)

Exemplare untersucht. — Insgesamt 3, wie folgt: *Alaska* : Chatanika River, 700 Fuß, 14 Meilen. E und 25 Meilen. N Fairbanks, 1; N-Seite des Flusses Salcha , 600 Fuß, 25 Meilen. S und 20 Meilen. E Fairbanks, 1; Yerrick Creek, 21 Meilen. W und 4 mi. N Tok Junction, 1.

Bemerkungen. — Im Vergleich mit Exemplaren von *T. h. hudsonicus* aus Iskwasum Lake, District of the Pas, Manitoba, das Eichhörnchen aus Yerrick Creek, ein erwachsenes Weibchen, ist an den oberen Teilen und am Schwanz größer und blasser.

Yerrick Creek gefangene Eichhörnchen wurde in einer Rattenfalle gefangen; Alcorn stellte fest, dass diese Tiere in dieser Gegend „ziemlich häufig" seien. Er erhielt keine Beweise dafür, dass die Eingeborenen sie als Nahrung verwendeten.

Marmota monax ochracea Swarth

Waldmurmeltier

Marmota ochracea Swarth, Univ. California Publ. Zoöl ., 7:203, 18. Februar 1911. (Typ aus Forty-Mile Creek, Alaska.)

Marmota monax ochracea AH Howell, N. Amer. Fauna, 37:34, 7. April 1915.

Exemplare untersucht. — Insgesamt 3, wie folgt: *British Columbia* : Hot Springs, 3 Meilen. WNW jct. Trout River und Liard River, 1; ¼ mi. S jct. Trout River und Liard River, 2.

Citellus parryii Plesius (Osgood)

Ziesel parieren

Spermaphilis empetra plesius Osgood, N. Amer. Fauna, 19:29,
6. Oktober 1900. (Typ von Bennett City, Kopf des Lake Bennett,
British Columbia.)

Citellus paryii plesius AH Howell, N. Amer. Fauna, 56:97, 18.
Mai 1938.

Exemplare untersucht. – Insgesamt 42, wie folgt: *Alaska* : Richardson
Highway, 2000 Fuß, 32 Meilen. S und 4 Meilen. W Big Delta, 5. *Yukon-
Territorium* : 6 Meilen. SW Kluane, 2550 Fuß, 1; McIntyre Creek, 2250 Fuß, 3
Meilen. NW Whitehorse, 1; 2 Meilen. NNW Whitehorse, 2100 Fuß, 1; 1
Meile. NE Whitehorse, 1; ½ Meile. W Whitehorse, 2150 Fuß, 1; SW-Ende
Dezadeash Lake, 1; 2 Meilen. W. Teslin River, 2400 Fuß, 16 Meilen. S und
56 Meilen. E Whitehorse, 7; 1½ Meilen. O Tatshenshini -Fluss, 1½ Meilen.
S und 3 mi. E Dalton Post, 3. *British Columbia* : Stonehouse Creek, 5½ Meilen.
W jct. Stonehouse Creek und Kelsall River, 14; W-Seite Mt. Glave , 4000
Fuß, 14 Meilen. S und 2 mi. E Kelsall Lake, 7.

Bemerkungen. — Die Exemplare variieren stark in der Farbe; Die meisten
Farbabweichungen sind das Ergebnis von Abnutzung und Verblassen. Die
am 16. August entlang des Richardson Highway, 32 Meilen südlich und 4
Meilen westlich von Big Delta, Alaska, aufgenommenen Exemplare zeigen
in blasser Färbung eine gewisse Ähnlichkeit mit *C. p. ablusus* , das westlich
vorkommt, obwohl es sich bei diesen Exemplaren in anderen diagnostischen
Merkmalen typischerweise um *C. p. Plesius* .

Exemplare im Frühstadium der Häutung wurden am 3., 4. und 14. Juli
entnommen; Ein weiteres Exemplar in einem fortgeschrittenen
Häutungsstadium wurde am 10. Juli erhalten. Ein melanistisches Individuum
wurde am 11. Juli eine Meile nordöstlich von Whitehorse gefangen.

Alcorn fand diese Erdhörnchen lokal häufig, insbesondere in der Nähe
von Whitehorse im Yukon-Territorium. Entlang der Autobahn westlich des
Teslin River wurde eine große Population beobachtet; Tiere wurden mehrere
Meilen entlang der Straße gesehen, hauptsächlich in offenen Nadelwäldern,
wo es wenig oder kein Unterholz gab. Alcorn fing mehrere Tiere in der Nähe
der städtischen Mülldeponie in Whitehorse. Entlang des Richardson
Highway beobachtete er diese Erdhörnchen fast ununterbrochen etwa zehn
Meilen lang. Er bemerkt, dass die Tiere in den von Menschen geräumten
Gebieten entlang der Autobahn offenbar zahlreicher seien als in
„unbelästigten Gebieten weiter weg von der Autobahn". Die Proben wurden
mit einer Fangpistole und in Rattenfallen entnommen, die mit „gekauten"
Haferflocken beködert waren.

Eutamias minimus borealis (JA Allen)

Am wenigsten Chipmunk

Tamias asiaticus borealis JA Allen, Monogr . N. Amer. Rodentia, S. 793, August 1877. (Typ aus Fort Liard, Mackenzie, Kanada.)

Eutamias minimus borealis AH Howell, Jour. Mamm ., 3:183, 4. August 1922.

Exemplare untersucht. — Insgesamt 10, wie folgt: *British Columbia* : N-Seite des Muskwa River, 1200 Fuß, 4 Meilen. W Fort Nelson, 1; Ostseite des Minaker River, 1,6 km. W Trutch , 5; Beatton River, 115 Meilen. S Fort Nelson, 1; 5 Meilen. W. und 3 mi. N Fort St. John, 1. *Alberta* : Assineau River, 1920 Fuß, 10 Meilen. E und 1 Meile. N Kinuso , 2.

Bemerkungen. — Exemplare mit abgenutztem Fell sind auffällig blasser und grauer als solche mit frischem Fell. Am 19., 20. und 22. Juni wurden Streifenhörnchen im Frühstadium der Häutung mit frischem Fell, das sich nach hinten bis zur Mitte des dorsalen Teils des Rückens erstreckte, gefangen. andere in frischem Fell oben, mit Ausnahme der Hinterhand, wurden am 15. Juni und am 2. September gefangen.

Alcorn fand diese Art nirgendwo in großer Zahl; Beispielsweise erbeutete er in 187 speziellen Museumsfallen in der Nähe von Charlie Lake, 5 Meilen westlich und 3 Meilen nördlich von Fort St. John in British Columbia, nur ein Streifenhörnchen.

Eutamias minimal Canizeps Osgood

Am wenigsten Chipmunk

Eutamias caniceps Osgood, N. Amer. Fauna, 19:28, 6. Oktober 1900. (Typ aus Lake Lebarge , Yukon-Territorium.)

Eutamias minimal caniceps AH Howell, Jour. Mamm ., 3:184, 4. August 1922.

Exemplare untersucht. – Insgesamt 36, wie folgt: *Yukon-Territorium* : 6 Meilen. SW Kluane, 2550 Fuß, 2; McIntyre Creek, 2250 Fuß, 3 Meilen. NW Whitehorse, 3; 2 Meilen. NNW Whitehorse, 2100 Fuß, 1; W-Seite des Lewes River, 2150 Fuß, 2 Meilen. S Whitehorse, 1; SW-Ende Dezadeash Lake, 10; 5 Meilen. W. Teslin River, 2400 Fuß, 16 Meilen. S und 53 Meilen. E Whitehorse, 1; W-Seite des Teslin River, 16 Meilen. S und 58 Meilen. E Whitehorse, 2; 1½ Meilen. S und 3 mi. E Dalton Post, 2500 Fuß, 5. *British*

Columbia: 1 Meile. NW jct. Irons Creek und Liard River, 2; Südseite des Toad River, 10 Meilen. S und 21 Meilen. E Muncho Lake, 6; Summit Pass, 4200 Fuß, 10 Meilen. S und 70 Meilen. W Fort Nelson, 3.

Bemerkungen. — Einige der zwischen Summit Pass und Toad River entnommenen Exemplare zeigen Hinweise auf eine Vermischung zwischen dem blasseren und graueren *E. m. caniceps* und der hellere und braunere *E. m. Borealis* . Rand (1944:41) fand in diesem Gebiet auch Hinweise auf eine Intergradation zwischen diesen beiden Unterarten.

Entlang der Autobahn stellte Alcorn fest, dass diese Art im Yukon-Territorium etwas häufiger vorkommt als in British Columbia. Er fand die Tiere oft in verlassenen Straßenlagern; anscheinend waren sie in diesen Gebieten zahlreicher als in ungestörten natürlichen Lebensräumen.

Glaucomys sabrinus Zaphäus (Osgood)

Fliegendes Eichhörnchen

Sciuropterus alpinus Zaphaeus Osgood, Proc. Biol. Soc. Washington, 18:133, 18. April 1905. (Typ aus Helm Bay, Cleveland Peninsula, südöstliches Alaska.)

Glaucomys sabrinus Zaphaeus AH Howell, N. Amer. Fauna, 44:43, 13. Juni 1918.

Exemplare untersucht. – Einer aus *dem Yukon-Territorium* : 1½ Meilen. S und 3 mi. E Dalton Post, 2500 Fuß.

Bemerkungen. — Obwohl zum jetzigen Zeitpunkt kein Vergleichsmaterial verfügbar ist, deuten Beschreibungen in der Literatur darauf hin, dass dieses einzelne erwachsene Weibchen zur Küstenform *G. s. gehört. Zaphäus* . Sowohl in der Farbe als auch in den Schädel- und Außenmaßen scheint dieses Exemplar weitgehend mit den Beschreibungen von Howell (1918:43) und Cowan (1937:78 und 82) übereinzustimmen, obwohl seine Maße auch im Bereich der für G. angegebenen *liegen* . *S. alpinus* von Cowan (*loc. cit.*). Es sei darauf hingewiesen, dass Swarth (1936:402) ein Exemplar aus 15 Meilen südlich von Atlin , British Columbia, als *G. s. ansah. Alpinus* .

Die Maße von Alcorns Exemplar sind wie folgt: Gesamtlänge 331; Schwanz, 143; Hinterfuß, 42; Ohr aus Kerbe, 23; größte Schädellänge : 41,7; Jochbeinbreite: 25,7; Mastoidbreite: 21,7; Länge der Nasenflügel: 12,2; Länge Oberkieferzahnreihe: 8,2; interorbitale Verengung, 8,2; und postorbitale Verengung, 9,0.

Castor canadensis sagittatus Benson

Biber

Castor canadensis sagittatus Benson, Jour. Mamm ., 14:320, 13. November 1933. (Typ von Indianpoint Creek, 3200 Fuß, 16 Meilen nordöstlich von Barkerville, British Columbia.)

Exemplare untersucht. – Zwei aus *British Columbia* : Fort Halkett , N-Seite des Liard River.

Bemerkungen. — Zwei Biberschädel, die Alcorn vom Fallensteller Johnny Pie erhalten hat, scheinen dieser Unterart anzugehören. Anderson (1947:133) dokumentiert diese Unterart aus dem Liard River, dem Gebiet, aus dem diese Exemplare entnommen wurden. Der Fallensteller erzählte Alcorn, dass er diese beiden Biber im Winter 1947/48 erschossen und die Schädel an einen Baum gehängt habe.

Peromyscus maniculatus algidus Osgood

Weißfußmaus

Peromyscus maniculatus algidus Osgood, N. Amer. Fauna, Nr. 28:56, 17. April 1909. (Typ vom Kopf des Lake Bennett, Standort der alten Bennett City, British Columbia.)

Exemplare untersucht. – Insgesamt 93, wie folgt: *Alaska* : Ostseite des Chilkat River, 100 Fuß, 9 Meilen. W und 4 mi. N. Haines, 20; 1 Meile. W Haines, 5 Fuß, 7. *Yukon-Territorium* : 6 Meilen. SW Kluane, 2550 Fuß, 10; McIntyre Creek, 2250 Fuß, 3 Meilen. NW Whitehorse, 6; 2 Meilen. NNW Whitehorse, 2100 Fuß, 2; W-Seite des Lewes River, 2150 Fuß, 2 Meilen. S Whitehorse, 16; SW-Ende Dezadeash Lake, 9; 1½ Meilen. S und 3 mi. E Dalton Post, 15. *British Columbia* : Stonehouse Creek, 5½ Meilen. W jct. Stonehouse Creek und Kelsall River, 8.

Bemerkungen. — Exemplare aus den oben aufgeführten Fundorten liegen im geografischen Verbreitungsgebiet von *P. m. algidus* , wie von Anderson (1947: 136) beschrieben. Exemplare aus der Umgebung von Haines, Alaska, sind etwas dunkler, was auf eine Vermischung mit *P. m. hindeutet. Hyläos* ; Osgood (1909a: 54 und 56) stellte außerdem fest, dass die Intergradation zwischen *P. m. algidus* und *P. m. hyläus* kommt in diesem Gebiet vor.

Peromyscus maniculatus borealis Mearns

Weißfußmaus

Peromyscus maniculatus borealis Mearns, Proc. Biol. Soc. Washington, 24:102, 15. Mai 1911. Ersatzname für *P. m. arcticus* Mearns. (Typ aus Fort Simpson, Mackenzie, Kanada.)

Exemplare untersucht. – Insgesamt 214, wie folgt: *Yukon-Territorium* : 2 Meilen. W. Teslin River, 2400 Fuß, 16 Meilen. S und 56 Meilen. E Whitehorse, 8; W-Seite des Teslin River, 2300 Fuß, 16 Meilen. S und 58 Meilen. E Whitehorse, 24; O-Seite des Teslin River, 2300 Fuß, 16 Meilen. S und 59 Meilen. E Whitehorse, 7. *British Columbia* : 1,6 km. NW jct. Irons Creek und Liard River, 10; Heiße Quellen, 3 Meilen. WNW jct. Trout River und Liard River, 6; N-Seite des Liard River, 800 m. W jct. Trout River und Liard River, 13; ¼ mi. S jct. Trout River und Liard River, 20; SO-Ende Muncho Lake, 5; Südseite des Toad River, 10 Meilen. S und 21 Meilen. E Muncho Lake, 45; N-Seite des Muskwa River, 1200 Fuß, 4 Meilen. W Fort Nelson, 9; North Fork Tetsa River, 3900 Fuß, 4 Meilen. ENE Summit Pass, 13; Summit Pass, 4200 Fuß, 10 Meilen. S und 70 Meilen. W Fort Nelson, 17; Ostseite des Minaker River, 1,6 km. W Trutch , 18; Beatton River, 115 Meilen. S Fort Nelson, 2; 5 Meilen. W und 3 mi. N Fort St. John, 7. *Alberta* : Assineau River, 1920 Fuß, 10 Meilen. E und 1 Meile. N Kinuso , 10.

Bemerkungen. — Exemplare aus 2 Meilen westlich des Teslin River ähneln *P. m. borealis* mehr als *P. m. algidus* sowohl in der Größe des Schädels als auch in der Farbe, obwohl ich es schwierig finde, die Exemplare farblich zu unterscheiden.

Alcorn fand die Maus wie Rand (1945:43) in fast jedem Lebensraum entlang des Alaska Highway. Auf der Ostseite des Minaker River, eine Meile westlich von Trutch , fing Alcorn 26 *Peromyscus* und vier *Microtus* in 70 speziellen Museumsfallen, die mit gekauten Haferflocken beködert wurden und in einer Grasfläche mit Birken und Weidenbüscheln aufgestellt waren. *Peromyscus* war in alten Baulagern entlang der Autobahn normalerweise reichlich vorhanden; Am 27. Juli erbeutete Alcorn in 50 Fallen, die unter verlassenen Gebäuden am Summit Pass aufgestellt waren, 21 *Peromyscus* . Wie Swarth (1936:402) anmerkt, fühlt sich die Weißfußmaus offenbar in solchen Gebäuden heimisch, und die lokale Population nimmt wahrscheinlich aufgrund der künstlichen Umgebung zu, die günstige Lebensbedingungen bietet.

Neotoma cinerea drummondii (Richardson)

Waldratte mit Buschschwanz

Myoxus drummondii Richardson, Zool. Jour., 3:517, 1828. (Typ wahrscheinlich aus der Nähe von Jasper House, Alberta, Kanada.)

Neotoma cinerea drummondii Merriam, Proc. Biol. Soc. Washington, 7:25, 13. April 1892.

Exemplare untersucht. — Insgesamt 4, wie folgt: *British Columbia* : Summit Pass, 4500 Fuß, 10 Meilen. S und 70 Meilen. W von Fort Nelson, 1; 5 Meilen. W und 3 mi. N Fort St. John, 3.

Bemerkungen. — Waldratten wurden nur an zwei Standorten gefunden. Alcorns Feldaufzeichnungen zeigten, dass die Tiere selten und fleckig verbreitet waren. Rand (1944:44) bemerkt, dass die Ratten „nördlich des Lower Liard Crossing rar waren".

An beiden Orten, an denen Proben entnommen wurden, bemerkte Alcorn zunächst deren charakteristischen Kot. Am Summit Pass wurden in einem Felssturz an der Obergrenze der Waldgrenze Kot gefunden; eine Ratte wurde gefangen. An der Fangstation fünf Meilen westlich und drei Meilen nördlich von Fort St. John wurden Kot in und unter einem alten verlassenen Gebäude gefunden; Es wurden vier Jungtiere (zwei präpariert) und ein Erwachsener gewonnen.

Synaptomys borealis dalli Merriam

Nördlicher Moorlemming

Synaptomys (*Mictomys*) *von* Merriam, Proc. Biol. Soc. Washington, 10:62, 19. März 1896. (Typ aus Nulato, Alaska.)

Synaptomys borealis dalli AB Howell, N. Amer. Fauna, 50:24, (30. Juni) 5. August 1927.

Exemplare untersucht. — Insgesamt 6, wie folgt: *Alaska* : Ostseite Deadman Lake, 1800 Fuß, 15 Meilen. SE Northway, 1. *Yukon-Territorium* : McIntyre Creek, 2250 Fuß, 3 Meilen. NW Whitehorse, 5.

Bemerkungen. — Der Nördliche Moorlemming ist offensichtlich nicht allgemein entlang des Alaska Highways verbreitet, kann aber lokal zahlreich in der Gras- und Seggenbedeckung vorkommen, insbesondere in Sumpf- und Moorlebensräumen. Fünf Exemplare wurden in einer Grasfläche von 30 Fuß Breite und 60 Fuß Länge gefunden, die etwa 50 Fuß vom McIntyre Creek im Yukon-Territorium entfernt lag. In 22 Mausefallen, die in der ersten Nacht an diesem Ort aufgestellt wurden, wurden drei *Synaptomys* , sechs *Microtus* und eine *Sorex* gefangen. In den folgenden beiden Nächten wurde im gleichen Gebiet jeweils eine weitere *Synaptomys entnommen.* Am Deadman Lake, Alaska, wurde ein *Synaptomys* in einem schweren Seggengras am Rande eines kleinen Teichs gefangen.

Clethrionomys rutilus dawsoni (Merriam)

Dawson-Rotrückenmaus

Evotomys dawsoni Merriam, Amer. Nat., 22:650, Juli 1888. (Typ vom Finlayson River, einer nördlichen Quelle des Liard River, Breite 61° 30' N, Länge 129° 30' W, Yukon, Kanada.)

Clethrionomys rutilus dawsoni Rausch, Jour. Washington Acad. Sci., 40:135, 21. April 1950.

Exemplare untersucht. – Insgesamt 126, wie folgt: *Alaska* : Chatanika River, 700 Fuß, 14 Meilen. E und 25 Meilen. N Fairbanks, 17; 1 Meile. SW Fairbanks, 440 Fuß, 1; N-Seite des Flusses Salcha , 600 Fuß, 25 Meilen. S und 20 Meilen. E Fairbanks, 15; 25 Meilen. S und 20 Meilen. E Fairbanks, 3; Yerrick Creek, 21 Meilen. W und 4 mi. N Tok Junction, 32; Tok Junction, 1600 Fuß, 1; E-Seite Deadman Lake, 1800 Fuß, 15 Meilen. SE Northway, 9; 1 Meile. NE Anchorage, 100 Fuß, 9; Glenn Highway, 6 Meilen. WSW Snowshoe Lake, 1; O-Seite des Chilkat River, 100 Fuß, 9 Meilen. W und 4 mi. N Haines, 2; 1 Meile. S Haines, 5 Fuß, 2. *Yukon- Territorium* : Jct. Grafe Creek und Edith Creek, 2; 6 Meilen. SW Kluane, 2250 Fuß, 4; 2 Meilen.

NNW Whitehorse, 2100 Fuß, 2; W-Seite des Lewes River, 2150 Fuß, 2 Meilen. S Whitehorse, 6; SW-Ende Desadeash Lake, 15. *British Columbia* : Stonehouse Creek, 5½ Meilen. W jct. Stonehouse Creek und Kelsall River, 1; Südseite des Toad River, 10 Meilen. S und 21 Meilen. E Muncho Lake, 2; Summit Pass, 4500 Fuß, 10 Meilen. S und 70 Meilen. W Fort Nelson, 2.

Bemerkungen. — Exemplare aus einer Meile nordöstlich von Anchorage zeigen eine geringe Tendenz zu *C. r. Orca* aus der Gegend des Prince William Sound (siehe Orr, 1945:73). Ein Exemplar aus diesem Fundort ist etwas dunkler als die anderen.

An den meisten Orten, an denen Alcorn gefangen hatte, gab es zahlreiche Rotrückenmäuse. Eine Reihe von Exemplaren wurde neben und innerhalb verlassener Straßenlager entnommen, wo Zweitwuchsvegetation vorherrschte. Wie im Fall von *C. Gapperi* fand er *C. rutilus* in verschiedenen Lebensräumen.

Clethrionomys Gapperi athabascae (Preble)

Rotrückenmaus

Evotomys Gapperi athabascae Preble, N. Amer. Fauna, 27:178, 26. Oktober 1908. (Typ aus Fort Smith, Slave Lake, Mackenzie District, Nordwest-Territorien, Kanada.)

Clethrionomys Gapperi athabascae Harper, Jour. Mamm ., 13:28, 9. Februar 1932.

Exemplare untersucht. — Insgesamt 14, wie folgt: *British Columbia* : N-Seite des Muska River, 1200 Fuß, 4 Meilen. W Fort Nelson, 1; Ostseite des Minaker River, 1,6 km. W Trutch , 3; 5 Meilen. W und 3 mi. N Fort St. John, 4. *Alberta* : Assineau River, 1920 Fuß, 10 Meilen. E und 1 Meile. N Kinuso , 6.

Bemerkungen. — Diese Rotrückenmäuse wurden in verschiedenen Lebensräumen gefangen: Grasflächen in Espen- und Pappelwäldern, dichter Fichtenwald ohne Unterholz außer Flechten und Moos, dichtes Unterholz in Flussauen und auf dem Gelände eines alten Sägewerks. Die von Alcorn gefundene nordwestliche Verbreitung dieser Art entlang des Alaska Highway ist ungefähr dieselbe wie die von Rand (1944:44).

Ondatra zibethicus spatulatus (Osgood)

Bisamratte

Faserspatulatus Osgood , N. Amer. Fauna, 19:36, 6. Oktober 1900. (Typ aus Lake Marsh, Yukon, Kanada.)

Ondatra zibethica spatulata Miller, N. Amer. Land <u>Mamm</u> . 1911, S. 231, 31. Dezember 1912.

Exemplare untersucht. — Insgesamt 2, wie folgt: *Alaska* : N-Seite des Salcha River, 600 Fuß, 25 Meilen. S und 20 Meilen. E Fairbanks, 1; E-Seite Deadman Lake, 1800 Fuß, 15 Meilen. NE Northway, 1.

Bemerkungen. — Eine Bisamratte wurde in einem alten Biberteich an der Nordseite des Salcha- Flusses erschossen. Am Deadman Lake wurde ein Schädel aus einem Kadaver gefunden, den ein Fallensteller im vergangenen Winter zurückgelassen hatte.

Phenacomys intermedius mackenzii Preble

Lemming-Maus

Phenacomys mackenzii Preble, Proc. Biol. Soc. Washington, 15:182, 6. August 1902. (Typ aus Fort Smith, Slave River, Mackenzie, Kanada.)

Phenacomys intermedius mackenzii Crowe, Bull. Amer. Mus. Nat. Hist, 80:403, 4. Februar 1943.

Probe untersucht. – Einer aus *dem Yukon-Territorium* : südöstliches Ende des Dezadeash Lake.

Bemerkungen. — Ein Halbadult, der nur wenige Meilen von der Grenze zu Alaska im Yukon-Territorium entfernt gefangen wurde, stellt eine Erweiterung des bekannten Verbreitungsgebiets dieser Art nach Nordwesten dar. Die Maus ist offensichtlich selten oder in ihrer Verbreitung unregelmäßig, da Alcorn in dem Gebiet, aus dem nur eine Maus gefangen wurde, zahlreiche Fallen stellte.

Microtus pennsylvanicus

Pennsylvania-Wiesenmaus

Die Pennsylvania-Wiesenmaus ist ein am Alaska Highway häufig vorkommendes Säugetier. Alcorn beschaffte Exemplare an den meisten seiner Fangstationen, häufig in Begleitung von *Microtus oeconomus* an den nördlicheren Orten. Ein bevorzugter Lebensraum waren Grasflächen und Weidenbüsche entlang von Bächen oder an Seerändern. Die besten Fänge wurden entlang gut genutzter Start- und Landebahnen erzielt, insbesondere dort, wo es Berge von gemähtem Gras gab. Diese Landebahnen wurden auch von *Clethrionomys* und anderen Kleintieren genutzt. Exemplare von *M. pennsylvanicus* wurden häufig tagsüber entnommen; Eines wurde am 29. Juni aufgenommen, als es am Rande eines kleinen Sees nahe der Kreuzung von Liard River und Irons Creek in British Columbia schwamm.

Da es in der Vergangenheit an ausreichendem Vergleichsmaterial mangelte, gingen die meisten Forscher davon aus, dass *M. pennsylvanicus im größten Teil des Nordwestens Kanadas und Alaskas* ohne nennenswerte geografische Variation vorkommt, wo es der Unterart *M. p. drummondii* . Dale (1940) fand bei der Untersuchung von Sammlungen in British Columbia und im Südosten Alaskas Hinweise auf geografische Unterschiede und erkannte zwei neue Unterarten; so wies er nicht nur auf geografisch unterschiedliche Charaktere hin, sondern reduzierte auch die Größe des *M. p. zugeschriebenen Bereichs. drummondii* . In einer späteren Arbeit von Rand (1943) wurden die nordwestlichen Populationen von *M. pennsylvanicus* als zu variabel angesehen, um eindeutige Gruppierungen aufzuweisen. Die große Sammlung von Alcorn liefert Beweise dafür, dass andere trennbare Unterarten mit konstanten Merkmalen vorhanden sind. Die Untersuchung dieses Materials weist auf das Vorhandensein zweier unbenannter Unterarten hin, die wie folgt benannt und beschrieben werden:

Microtus pennsylvanicus alcorni neue Unterart

Typ. — Weiblich, Erwachsener, Haut mit Schädel, Nr. 21552, Univ. Kansas, Mus. Nat. Hist., 6 mi. SW Kluane, 2550 Fuß Höhe, Yukon Territory, Kanada; 24. August 1947; erhalten von JR Alcorn; Original-Nr. 5240.

Reichweite. – Äußerst südwestliches Yukon-Territorium und angrenzende Teile Alaskas bis nach Haines im Süden, bis nach Northway im Norden und bis nach Anchorage und Tyonek im Westen entlang der Küste Alaskas.

Diagnose. —Größe groß (siehe <u>Maße</u>); Farbe der oberen Teile in der Nähe (*l*) Brüsselbraun; Schädel deutlich gefurcht; Jochbögen schwer, rund und relativ kurz; Podium schwer; Hörblasen nicht stark erweitert; Oberkieferzähne relativ schwer und niedrigkronig.

Vergleiche. – Von *M. p. drummondii* (Exemplare aus der Umgebung von Whitehorse, YT, Trutch , BC und Kinuso , Alberta), *M. p. alcorni* unterscheiden sich wie folgt: Durchschnittlich größer bei allen Messungen, mit Ausnahme der Längen von Schwanz und Hinterfuß, die gleich sind; Farbe der oberen Teile etwas blasser und mehr grau und weniger braun; Unterseite blasser; Jochbögen schwerer, runder und kürzer; Schädel verhältnismäßig massiver, mit Ausnahme der Hörblasen, die weniger aufgeblasen sind; Oberkieferzähne schwerer und niedriger gekrönt.

Von *M. p. rubidus* (Exemplare aus Atlin , BC), *M. p. alcorni* unterscheidet sich wie folgt: Durchschnittlich größer bei allen kranialen Messungen, mit Ausnahme der Länge der Oberkieferzahnreihe, die gleich ist; Farbe der Oberseite eher grau und weniger braun; Unterseite dunkler; Schädel länger mit längeren Nasenflügeln und schwereren Jochbögen; Schädel des Erwachsenen stärker gefurcht.

Von *M. p. admiraltiae* (Exemplare von Admiralty Island), *M. p. alcorni* unterscheidet sich wie folgt: Durchschnittlich größer bei allen durchgeführten Messungen; Die Farbe der oberen Teile ist eher grau und weniger braun, die unteren Teile sind dunkler.

Bemerkungen. — Microtus p. alcorni ist eine klar definierte Unterart, die sich deutlich von benachbarten Unterarten durch einen größeren und schwereren Schädel und breitere, rundere und schwerere Jochbögen unterscheidet. Die in den verfügbaren Exemplaren untersuchten Merkmale sind konstant. Exemplare aus Haines sind etwas dunkler als die aus Kluane. Ein Erwachsener (Nr. 21534, UKMNH) aus Northway hat etwas stärker aufgeblähte Hörblasen als die aus Kluane. Ein Erwachsener aus Tyonek (Nr. 986, UKMNH) hat kräftigere braune Oberteile. Die Maße dieses Exemplars ähneln stark denen der Tiere aus Kluane, obwohl das Podium deutlich schwerer ist.

An vielen Orten, an denen *M. p. vorkommt, standen mehrere erwachsene Tiere zur Verfügung. Alcorni* . An dem Ort 9 Meilen westlich und 4 Meilen nördlich von Haines gab es vier, die als alte Erwachsene galten. Diese vier hatten größere Maße als andere, die als voll ausgewachsen galten. Zudem waren die Schädel größer und robuster. In anderen Serien gab es gelegentlich alte Erwachsene. Aus Gründen der Einheitlichkeit habe ich diese oben genannten alten Erwachsenen in den vergleichenden Studien zu jüngeren Erwachsenen nicht berücksichtigt. Diese Unterart ist zu Ehren von J(oseph) benannt. R(aymond). Alcorn, der Sammler.

Messungen. — Durchschnittliche und extreme Messungen von sechs Erwachsenen beiderlei Geschlechts von *M. p. alcorni* aus der Typuslokalität sind wie folgt: Gesamtlänge 162 (149-172); Länge des Schwanzes: 43 (39-45); Kondylobasale Länge: 26,3 (25,6–26,3); Grundlänge: 25,2 (24,2–25,9); Länge der Nasenflügel: 7,3 (6,9–7,5); Jochbeinbreite: 15,3 (14,9–15,6); Breite über die Hörblasen: 12,8 (12,4–13,2); Alveolarlänge der oberen molariformen Zahnreihe: 6,4 (6,1–6,7). Sieben Erwachsene beiderlei Geschlechts aus 9 Meilen westlich und 4 Meilen nördlich von Haines haben die folgenden Maße: 158 (148-165); 45 (41-50); 26,1 (25,5-26,8); 24,8 (24,4–25,7); 7,3 (7,0–7,6); 14,9 (14,3-15,1); 12,2 (11,8–13,0); 6,2 (5,9-6,3).

Exemplare untersucht. – Insgesamt 65, wie folgt nach Fangorten verteilt und im Naturhistorischen Museum der University of Kansas deponiert: *Alaska* : Ostseite Deadman Lake, 1800 Fuß, 15 Meilen. SE Northway, 7; 1 Meile. NE Anchorage, 100 Fuß, 1; Tyonek, Cook's Inlet, 1; O-Seite des Chilkat River, 100 Fuß, 9 Meilen. W und 4 mi. N Haines, 37. *Yukon-Territorium* : 6 Meilen. SW Kluane, 2250 Fuß, 14; SW-Ende Dezadeash Lake, 2; 1½ Meilen. S und 3 mi. E Dalton Post, 2500 Fuß, 3. Von Osgood (1904:35) gemeldete Exemplare wurden von mir nicht gesehen, könnten aber dieser Unterart angehören und werden vorläufig dieser Unterart zugeordnet. Diese stammen aus den folgenden Orten in Alaska: Lake Clark in der Nähe von Keejik , nahe der Mündung des Chulitna River, und Kakhtul River nahe der Mündung in den Malchatna .

Microtus pennsylvanicus tananaensis neue Unterart

Typ. — Weiblich, Erwachsener, Haut mit Schädel, Nr. 21509, Univ. Kansas, Mus. Nat. Hist., Yerrick Creek, 21 Meilen. W und 4 mi. N Tok Junction, Alaska; 20. Juli 1947; erhalten von JR Alcorn; Original-Nr. 5023.

Reichweite. – Ost-Zentral-Alaska bis Tok Junction im Süden, bis Mt. McKinley im Westen, bis Fairbanks im Norden und bis Eagle im Osten.

Diagnose. —Größe mittel (siehe Maße); Farbe der oberen Teile dunkel, nahe (*n*) Prout's Brown, mit einigen individuellen Abweichungen; Schädel mit Jochbögen mäßig schwer und breit; Nasenflügel relativ lang; Hörblasen aufgeblasen.

Vergleiche. – Von *M. p. alcorni* (siehe Beschreibung), *M. p. tananaensis* unterscheidet sich wie folgt: In allen Messungen kleiner, mit Ausnahme der Alveolarlänge der oberen Backenzahnreihe, die gleich ist; Farbe der oberen Teile dunkler, kräftiger braun und weniger grau; Unterseite dunkler; Jochbögen weniger massiv und schmaler; Hörblasen größer und aufgeblasener.

Von *M. p. drummondii* (siehe Vergleiche unter *M. p. alcorni*), *M. p. tananaensis* unterscheidet sich wie folgt: Größer in allen gemessenen Schädelmaßen, mit Ausnahme der Nasenlänge, die gleich ist; Farbe überall etwas dunkler; breiter über den Jochbögen; Jochbein dicker; Nasenflügel im Verhältnis zur Schädellänge kürzer; Hörblasen größer und aufgeblasener.

Bemerkungen. — Das verfügbare Material dieser Unterart bestand zum größten Teil aus subadulten Tieren; Ein Vergleich von Erwachsenen mit denen benachbarter Unterarten zeigt jedoch, dass diese Unterart anhand der Farbe der oberen Teile, der Schädelabmessungen und der Größe der Jochbögen und der Hörblasen unterschieden werden kann. Exemplare aus 14 Meilen östlich und 25 Meilen nördlich von Fairbanks sind besonders dunkel. Ein Subadult (Nr. 21467, UKMNH) hat schwärzliches Haar an den Füßen und einen schwärzlichen, einfarbigen Schwanz. Nr. 241696, USBS, ein altes erwachsenes Weibchen aus Ketchumstock , ist größer.

Die dieser Unterart zugeordneten Exemplare variieren teilweise in der Farbe, unterscheiden sich jedoch weniger in den Schädelmerkmalen. Um festzustellen, wie weit sich diese Unterart im Tal des Yukon River erstreckt, werden weitere erwachsene Tiere aus Westalaska benötigt. Bailey (1900:24) listet ein Exemplar von Nulato als *drummondii auf* ; Ich habe es nicht gesehen, aber aus geografischen Gründen ordne ich es vorläufig *M. p. zu. tananaensis* .

Messungen. — Die Maße des Musterexemplars lauten wie folgt: Gesamtlänge 160; Länge des Schwanzes: 40; Kondylobasallänge : 26,0; Grundlänge: 24,9; Länge der Nasenflügel: 6,7; Jochbeinbreite: 14,5; Breite über die Hörblasen: 12,5; Alveolarlänge der oberen molariformen Zahnreihe, 6,2. Zwei Exemplare von Eagle (Nr. 128295 und 128320, USBS) haben jeweils die folgenden Maße: 161, 154; 37,5, 36; 25,3, 25,4; 23,8, 23,9; 6,5, 6,8; 14,5, 14,6; 11,9, 12,3; 6.1, 6.1.

Exemplare untersucht. – Insgesamt 34, verteilt nach Fangorten wie folgt und sofern nicht anders angegeben im Naturhistorischen Museum der University of Kansas: *Alaska* : In der Nähe von Buster Creek, Chatanika River, 1 (USBS); Chatanika River, 700 Fuß, 23 km. E und 25 Meilen. N Fairbanks, 4; Fairbanks, 2 (USBS); Leiter von Glacier Creek, Mt. McKinley, 1 (USBS); Moose Creek, Mt. McKinley, 2 (USBS); Kopf des Flusses Toklat, 1 (USBS); Eagle, 4 (USBS); Yerrick Creek, 21 Meilen. W und 4 mi. N Tok Junction, 13; Ketchumstock , 2 (USBS); 9 Meilen. von der Mündung des Robertson River, 1 (USBS); Tanana, 3 (USBS); Tanana Crossing, 1 (USBS). Osgood (1909b:24) verzeichnet Exemplare, die möglicherweise dieser Unterart angehören, aus den folgenden Orten in Alaska: Charlie Creek, Circle, 20 Meilen oberhalb von Circle, 40 Meilen oberhalb von Circle, Nation Creek und Seventy Mile Creek. Osgood (1900:36) verzeichnet auch Exemplare aus der Nähe von Fort Yukon. Nichts davon habe ich gesehen; Sie werden dieser Unterart nur vorläufig zugeordnet.

Microtus pennsylvanicus drummondii (Audubon und Bachman)

Arvicola drummondii Audubon und Bachman, Quadr . North Amer., 3:166, 1854. (Typ, durch spätere Bezeichnung, aus der Nähe von Jasper House, Alberta.)

Microtus pennsylvanicus drummondii Hollister, Kanadische Alpen. Jour., Sondernummer, p. 23, 17. Februar 1913.

Exemplare untersucht. – Insgesamt 93, wie folgt: *Yukon-Territorium* : McIntyre Creek, 2250 Fuß, 3 Meilen. NW Whitehorse, 26; W-Seite des Lewes River, 2150 Fuß, 2 Meilen. S Whitehorse, 4; 5 Meilen. W. Teslin River, 2400 Fuß, 16 Meilen. S und 53 Meilen. E Whitehorse, 7; O-Seite des Teslin River, 2300 Fuß, 16 Meilen. S und 59 Meilen. E Whitehorse, 1. *British Columbia* : 1,6 km. NW jct. Irons Creek und Liard River, 8; Heiße Quellen, 3 Meilen. WNW jct. Trout River und Liard River, 3; N-Seite des Liard River, 800 m. W jct. Liard River und Trout River, 1; ¼ mi. S jct. Trout River und Liard River, 13; Südseite des Toad River, 10 Meilen. S und 21 Meilen. E Muncho Lake, 2; Summit Pass, 4200 Fuß, 10 Meilen. S und 70 Meilen. W Fort Nelson, 2; Ostseite des Minaker River, 1,6 km. W Trutch , 19; Beatton River, 115 Meilen. S Fort Nelson, 1; 5 Meilen. W und 3 mi. N Fort St. John, 2. *Alberta* : Assineau River, 1920 Fuß, 10 Meilen. E und 1 Meile. N Kinuso , 4.

Bemerkungen. — Erwachsene unter den oben aufgeführten Exemplaren variieren nur wenig; Ein Weibchen aus Assineau River in Alberta ist deutlich rötlicher als andere, die anderswo gefangen wurden.

Durchschnittliche und extreme Messungen von neun Erwachsenen beiderlei Geschlechts von *M. p. drummondii* von der Ostseite des Minaker River, 1,6 km. W Trutch , British Columbia, sind wie folgt: Gesamtlänge 157 (148-165); Länge des Schwanzes: 42 (37-46); Kondylobasale Länge: 25,1 (24,7–26,0); Grundlänge: 24,2 (23,4–25,0); Länge der Nasenflügel: 6,8 (6,4–7,2); Jochbeinbreite: 14,4 (13,9–14,7); Breite über die Hörblasen: 12,4 (12,0–12,7); Alveolarlänge der oberen molariformen Zahnreihe: 6,1 (6,0–6,2); Neun Erwachsene beiderlei Geschlechts aus McIntyre Creek, 2250 Fuß, 3 Meilen nordwestlich von Whitehorse, Yukon Territory, haben die folgenden Maße: 153 (147-168); 40 (33-47); 24,9 (24,2–25,5); 24,0 (23,6–24,6); 6,6 (6,2-7,2); 14,4 (13,9-15,1); 12,1 (11,7-12,5); 6,1 (6,0-6,2).

Microtus *vgl.* Kantator Anderson

Yukon singende Maus

Microtus- Kantator Anderson, Nat. Mus. Kanada, Bull. Nr. 102, Biol. Ser. Nr. 31:161, [für 1946], 24. Januar 1947. (Typ „aufgenommen in einem Tundrarutsch über der Waldgrenze auf einem Berggipfel in der Nähe des Tepee Lake am Nordhang der St. Elias Range, Yukon Territory, Kanada.)"

Probe untersucht. – Einer aus *Alaska* : Fish Creek, 3400 Fuß, 5 Meilen. N und 1 Meile. E Paxson.

Bemerkungen. — Das von Alcorn erhaltene einzelne erwachsene Männchen wurde von Dr. Henry W. Setzer mit Exemplaren von *Microtus muriei* Nelson, *M. miurus , verglichen miurus* Osgood und *M. m. oreas* Osgood im United States National Museum. Er berichtet, dass das Exemplar am engsten mit *M. miurus verwandt ist* , aber Merkmale aufweist, durch die es sich zumindest subspezifisch von diesen beiden Formen dieser Art unterscheidet. Drei vom National Museum of Canada ausgeliehene Exemplare von *M. andersoni* Rand und eines von *M. cantator Anderson sind weniger ausgereift als das fragliche Exemplar.* Dennoch ist das Männchen aus Fish Creek weniger grau als *M. andersoni* und wird, wie aus Messungen des Typs hervorgeht, als erwachsenes Männchen (Rand, 1945:42) größer, mit längerem Schwanz und kürzerem und schmalerem Schädel beurteilt taxonomisch trennbar sein. *M. cantator* wurde nach zwei Exemplaren benannt; Sowohl der Paratyp (von mir gesehen) als auch scheinbar der Typ sind zu jung, um deutlich subspezifische Charaktere zu zeigen. Alcorns Exemplar wird vorläufig *M. cantator* zugeordnet, bis einige Topotypen für Erwachsene erhalten werden können.

Die Maße des Männchens Nr. 21539 aus Fish Creek betragen: Gesamtlänge 152; Länge des Schwanzes: 30; Hinterfuß, 22; Kondylobasale Länge: 28,0; Grundlänge: 26,6; Länge der Nasenflügel: 7,1; Jochbeinbreite: 13,8; Breite der Hörblasen: 11,5; kleinste interorbitale Breite, 3,3; Alveolarlänge der oberen molariformen Zahnreihe, 6,2.

Alcorn nahm dieses Exemplar in einem Gebiet oberhalb der Waldgrenze, wo ein geringer Weidenwuchs die vorherrschende Vegetation war. Dort, wo er gesehen hatte, wie eine Maus in einen kleinen Bau ging, wurden Fallen aufgestellt. Am nächsten Morgen, dem 18. August 1947, fand er dieses Exemplar und zwei *Microtus oeconomus macfarlani* in seinen Fallen.

Mikrotinen der Untergattung *Stenocranius* aus kontinentalen Gebieten Alaskas und Nordwestkanadas sind in Sammlungen durch wenige Exemplare aus weit voneinander entfernten Fundorten vertreten. Mangels Material von Zwischenorten haben die Beschreiber mehrere dieser isolierten Populationen ausdrücklich erwähnt. Zukünftiges Sammeln wird notwendig sein, um aufzudecken, ob die nordamerikanischen Mäuse dieser Untergattung zu einer oder zu mehr als einer Art gehören und ob es mehr als eine Invasion des nordamerikanischen Kontinents durch Mitglieder dieser asiatischen Gruppe gegeben hat oder nicht.

Microtus longicaudus vellerosus JA Allen

Langschwanz-Wiesenmaus

Microtus vellerosus JA Allen, Bull. Amer. Mus. Nat. Hist., 12:7, 4. März 1899. (Typ vom oberen Liard River, British Columbia, Kanada.)

Microtus longicaudus vellerosus Anderson und Rand, Canadian Field-Nat., 58:20, 1. April 1944.

Exemplare untersucht. – Insgesamt 127, wie folgt: *Alaska* : N-Seite des Salcha River, 600 Fuß, 25 Meilen. S und 20 Meilen. E Fairbanks, 1. *Yukon-Territorium* : 6 Meilen. SW Kluane, 2550 Fuß, 2; McIntyre Creek, 2250 Fuß, 3 Meilen. NW Whitehorse, 10; ½ Meile. W Whitehorse, 1; SW-Ende Dezadeash Lake, 18; 1½ Meilen. S und 3 mi. E Dalton Post, 2500 Fuß, 24. *British Columbia* : Stonehouse Creek, 5½ Meilen. W jct. Stonehouse Creek und Kelsall River, 20; Heiße Quellen, 3 Meilen. WNW jct. Trout River und Liard River, 4; ¼ mi. S jct. Trout River und Liard River, 15; Südseite des Toad River, 10 Meilen. S und 21 Meilen. E Muncho Lake, 27; SO-Ende Muncho Lake, 4; Summit Pass, 4500 Fuß, 10 Meilen. S und 70 Meilen. W Fort Nelson, 1.

Bemerkungen. — Exemplare aus 1½ Meilen südlich und 3 Meilen östlich von Dalton Post sowie aus Dezadeash Lake im Yukon-Territorium und aus Stonehouse Creek in British Columbia werden als *M. l. bezeichnet. vellerosus*, obwohl sie in der Farbe der oberen Teile eine enge Verwandtschaft mit *M. l. littoralis*. Diese Exemplare sind weniger grau und eher braun als Exemplare, die typischer für *M. l. sind. vellerosus* aus der Gegend des Liard River.

Alcorn fand die Langschwanz-Wiesenmaus in weit voneinander entfernten Gebieten. Die meisten Exemplare wurden in Graslandschaften in der Nähe von Wasser oder auf feuchtem Boden gewonnen. Das einzelne Männchen vom Summit Pass in British Columbia wurde oberhalb der Waldgrenze aufgenommen.

Microtus longicaudus littoralis Swarth

Langschwanz-Wiesenmaus

Microtus mordax littoralis Swarth, Proc. Biol. Soc. Washington, 46:209, 26. Oktober 1933. (Typ von Shakan , Prince of Wales Island, Alaska.)

Microtus longicaudus littoralis Goldman, Jour. Mamm ., 19:491, 14. November 1938.

Exemplare untersucht. — Insgesamt 29, wie folgt: *Alaska* : O-Seite des Chilkat River, 100 Fuß, 9 Meilen. W und 4 mi. N Haines, 9; 1 Meile. S Haines, 5 Fuß, 20.

Bemerkungen. — Im Vergleich zur Serie von *M. l. vellerosus* aus der Gegend des Liard River, die langschwänzigen Wiesenmäuse aus der Nähe von Haines, sind eher rotbraun, haben einen längeren Schwanz und einen kleineren Schädel mit kleineren Hörblasen. Diese Unterart ist auf das Küstengebiet beschränkt, und wie im Bericht von *M. l. vellerosus* findet die Intergradation zwischen diesen beiden Formen relativ kurz landeinwärts statt.

Microtus oeconomus macfarlani Merriam

Tundra-Maus

Microtus macfarlani Merriam, Proc. Washington Acad. Sci., 2:24, 14. März 1900. (Typ aus Fort Anderson, Anderson River, Bezirk Mackenzie, Nordwest-Territorien, Kanada.)

Microtus oec [onomus] macfarlani Zimmerman, Archiv f. Naturgesch ., 11:187, 12. September 1942.

Exemplare untersucht. – Insgesamt 70, wie folgt: *Alaska* : Kreis, 664 Fuß, 1; Chatanika River, 700 Fuß, 23 km. E und 25 Meilen. N Fairbanks, 13; Twelve Mile Summit, 3225 Fuß, Steese Highway, 6; 1 Meile. SW Fairbanks, 440 Fuß, 3; N-Seite des Flusses Salcha , 600 Fuß, 25 Meilen. S und 20 Meilen. E Fairbanks, 28; Yerrick Creek, 21 Meilen. W und 4 mi. N Tok Junction, 9; Fish Creek, 3400 Fuß, 5 Meilen. N und 1 Meile. E Paxson, 3; Glenn Highway, 6 Meilen. WSW Snowshoe Lake, 1. *Yukon-Territorium* : Jct. Grafe und Edith Creeks, 1; 6 Meilen. SW Kluane, 2550 Fuß, 2; SW-Ende Dezadeash Lake, 1. *British Columbia* : Stonehouse Creek, 5½ Meilen. W jct. Stonehouse Creek und Kelsall River, 2.

Bemerkungen. — Alcorn fand die Tundra-Maus an vielen Orten in Ost-Zentral-Alaska, an denen er Fallen stellte. Die Proben wurden oberhalb der Waldgrenze, entlang von Straßen, in Grasflächen, die von Holz gerodet worden waren, und in niedriger Vegetation am Rande von Bächen entnommen. Am 17. August fing Alcorn in Fish Creek, 5 Meilen nördlich und 1 Meile östlich von Paxson, Alaska, tagsüber eine dieser Mäuse in einem Baum auf. Unreife Exemplare aus Stonehouse Creek sind meines Wissens die ersten Nachweise dieser Art in British Columbia.

Mus musculus Linnaeus

Hausmaus

[Mus] Musculus Linnaeus, Syst. Nat., Hrsg. 10, 1:62, 1758. (Typ aus Upsala, Schweden.)

Exemplare untersucht. — Insgesamt 6, wie folgt: *Alaska* : 1 Meile. NE Anchorage, 100 Fuß, 2. *Yukon-Territorium* : McIntyre Creek, 2259 Fuß, 3 Meilen. NW Whitehorse, 2; 2 Meilen. NNW Whitehorse, 2100 Fuß, 1. *Alberta* : Assineau River, 1920 Fuß, 10 Meilen. E und 1 Meile. N Kinuso , 1.

Bemerkungen. — Alcorn nahm Hausmäuse in und in der Nähe von Gebieten auf, in denen Menschen leben. Eine Maus wurde am 10. Juli in der Nähe von Whitehorse unter einem Gebäude gefangen, das seit einem Jahr nicht mehr bewohnt war. Ein weiteres wurde auf der Mülldeponie der Stadt Whitehorse erbeutet. In der Nähe von Kinuso wurde ein Exemplar auf dem Gelände einer alten Sägemühle gefunden.

Zapus Hudsonius Hudsonius (Zimmermann)

Wiesenspringende Maus

Dipus hudsonius Zimmermann, Geogr . Gesch ., 2:358, 1780. (Typ aus Hudson Bay, Kanada.)

Zapus Hudsonius Coues, Bull. US-Geol. und Geogr .
Überleben . Terr., ser. 2, 1:253, 8. Januar 1876.

Exemplare untersucht. — Insgesamt 8, wie folgt: *British Columbia* : 1 Meile.
NW jct. Irons Creek und Liard River, 3; Heiße Quellen, 3 Meilen. WNW jct.
Trout River und Liard River, 1; Ostseite des Minaker River, 1,6 km. W Trutch
, 1; 5 Meilen. W und 3 mi. N Fort St. John, 1. *Alberta* : Assineau River, 1920
Fuß, 10 Meilen. E und 1 Meile. N Kinuso , 1.

Bemerkungen. — Die oben aufgeführten springenden Mäuse wurden mit
Exemplaren von *Z. h. verglichen. Hudsonius* aus Ontario und Michigan. Die
Kontaktzone zwischen *Z. h. Hudsonius* und *Z. h. alascensis* ist noch unbekannt;
Zwischen Irons Creek und Whitehorse erhielt Alcorn keine Exemplare.
Meines Wissens gibt es keine Aufzeichnungen aus diesem weitläufigen
Gebiet.

Alcorn nahm *Zapus* mit auf Grasflächen am Ufer des Wassers, in einer
alten Kiesgrube und auf dem Gelände einer alten Sägemühle. Die Tiere
wurden bereits am 30. Juni und erst am 2. September entnommen.

Zapus Hudsonius alascensis Merriam

Wiesenspringende Maus

Zapus Hudsonius alascensis Merriam, Proc. Biol. Soc.
Washington, 11:223, 15. Juli 1897. (Typ aus Yakutat Bay, Alaska.)

Exemplare untersucht. — Insgesamt 18, wie folgt: *Alaska* : 1 Meile. SW
Fairbanks, 440 Fuß, 1; O-Seite des Chilkat River, 100 Fuß, 9 Meilen. W und
4 mi. N. Haines, 8. *Yukon-Territorium* : McIntyre Creek, 2250 Fuß, 3 Meilen.
NW Whitehorse, 4; SW-Ende Dezadeash Lake, 1. *British Columbia* :
Stonehouse Creek, 5½ Meilen. W jct. Stonehouse Creek und Kelsall River,
4.

Bemerkungen. — Von Alcorn entnommene Exemplare wurden mit
Vertretern von *Z. Princeps* (Wyoming, Idaho, Oregon) und *Z. Hudsonius*
(Ontario, Michigan, Kansas, Wyoming) verglichen. Alle wurden als *Z.
hudsonius bezeichnet, obwohl ein Weibchen aus Stonehouse Creek* bei den
Außenmaßen, der Länge der oberen Backenzahnreihe und der Länge der
Foramina incisiva eine gewisse Tendenz zu *Z. Princeps* aufweist .

Erethizon dorsatum Myops Merriam

Stachelschwein

Erethizon Epixanthus Myops Merriam, Proc. Washington Acad. Sci., 2:27, 14. März 1900. (Typ aus Portage Bay, Alaska-Halbinsel, Alaska.)

Erethizon dorsatum Myops Anderson und Rand, Canadian Jour. Res., 21:293, 24. September 1943.

Exemplare untersucht. — Insgesamt 2, wie folgt: *Alaska* : Yerrick Creek, 21 Meilen. W und 4 mi. N Tok Junction, 1. *Yukon-Territorium* : 2 Meilen. W. Teslin River, 2400 Fuß, 16 Meilen. S und 56 Meilen. E Whitehorse, 1.

Bemerkungen. — Alcorn fand entlang der Autobahn kaum Hinweise auf Stachelschweine. Das Weibchen aus dem Teslin River wurde unter einem Gebäude gefunden. Das Weibchen aus Yerrick Creek befand sich im dichten Unterholz eines Fichtenwaldes und wog 20 Pfund.

Canis latrans incolatus Halle

Kojote

Canis latrans incolatus Hall, Univ. California Publ. Zool., 40:369, 5. November 1934. (Typ aus Isaacs Lake, 3000 Fuß, Bowron Lake-Region, British Columbia, Kanada.)

Exemplare untersucht. — Insgesamt 2, wie folgt: *Yukon-Territorium* : 25 Meilen. NW Whitehorse, 1. *British Columbia* : Buckinghorse River, 94 Meilen. S Fort Nelson, 1.

Canis lupus pambasileus Elliot

Wolf

Canis pambasileus Elliot, Proc. Biol. Soc. Washington, 18:79, 21. Februar 1905. (Typ vom Susitna River, Region Mount McKinley, Alaska.)

Canis lupus pambasileus Goldman, Jour. Mamm ., 18:45, 14. Februar 1937.

Exemplare untersucht. — Insgesamt 3, wie folgt: *Yukon-Territorium* : Ostseite des Aishihik River, 17 Meilen. N Canyon, 1; SW-Ende Dezadeash Lake, 1; Marshall Creek, 3 Meilen. N. Dezadeash River, 1.

Bemerkungen. – Alcorn meldete Wolfsschilder an vielen seiner Lager entlang der Autobahn. Schädel wurden von Fallenstellern beschafft.

Canis lupus occidentalis Richardson

Wolf

Canis lupus occidentalis Richardson, Fauna Boreali - Americana, 1:60, 1829. (Typ nicht bezeichnet, beschränkt auf Fort Simpson, Mackenzie, Kanada, von Miller, Smithson. Misc. Coll., 59 (Nr. 15):4, Juni 8, 1912.)

Exemplare untersucht. — Zwei aus *British Columbia* : Buckinghorse River, 94 Meilen. S Fort Nelson.

Canis lupus columbianus Goldman

Wolf

Canis lupus columbianus Goldman, Proc. Biol. Soc. Washington, 54:110, 30. September 1941. (Typ aus Wistaria, Nordseite des Ootsa Lake, Coast District, British Columbia, Kanada.)

Exemplare untersucht. — Einer aus *British Columbia* : Screw Creek, 10 Meilen. S und 50 Meilen. E Teslan.

Vulpes fulva abietorum Merriam

Roter Fuchs

Vulpes alascensis abietorum Merriam, Proc. Washington Acad. Sci., 2:669, 28. Dezember 1900. (Typ aus Stuart Lake, British Columbia, Kanada.)

Vulpes fulva abietorum Bailey, Nature Mag., 28:317, November 1936.

Exemplare untersucht. — Insgesamt 11, wie folgt: *Yukon-Territorium* : 6 Meilen. SW Kluane, 2559 Fuß, 1; Marshall Creek, 3 Meilen. N. Dezadeash River, 6; Champagne, Nordseite Dezadeash River, 3; 1½ Meilen. O Tatshenshini -Fluss, 1½ Meilen. S und 3 mi. E Dalton Post, 1.

Bemerkungen. — Bei den erhaltenen Exemplaren handelt es sich ausschließlich um Schädel, die meist in den Wintermonaten von Fallenstellern entnommen wurden. Ein Fuchs wurde tot aufgefunden, mit Stachelschweinstacheln im und um sein Maul.

Ursus americanus cinnamomum Audubon und Bachman

Schwarzbär

Ursus americanus var. cinnamomum Audubon und Bachman, Quadr . Nordamerika, 3; 125, 1854. (Typ aus den nördlichen Rocky Mountains.)

Exemplare untersucht. — Insgesamt 3, wie folgt: *British Columbia* : 10 Meilen. W Fort Nelson, 1; Buckinghorse River, 94 Meilen. S Fort Nelson, 2.

Bemerkungen. — Bei einem großen, ungeschlechtlichen Schädel vom Buckinghorse River, bei dem ein Teil des Podiums fehlte, ist der Frontschild stark gewölbt. Eine junge erwachsene Frau, die am 23. August 1948 10

Meilen westlich von Fort Nelson aufgenommen wurde, hat die folgenden Außenmaße: Gesamtlänge 1345; Schwanz, 65; Hinterfuß, 256; Ohr aus Kerbe, 135.

Ursus- Arten

Grizzly

Exemplare untersucht. — Insgesamt 5, wie folgt: *Yukon-Territorium* : Ostseite des Aishihik River, 17 Meilen. N Canyon, 1; Unahini- Fluss, 5 Meilen. N und 1 Meile. E Dalton Post, 1; Unahini- Fluss, 3 Meilen. N und 1 Meile. E Dalton Post, 2. *British Columbia* : Buckinghorse River, 94 Meilen. S Fort Nelson, 1.

Bemerkungen. — Von drei am Unahini- Fluss gefundenen Exemplaren ähneln sich zwei Männchen sehr, während das dritte, ein alter Erwachsener, dargestellt durch einen ungeschlechtlichen Schädel mit gebrochenem Schädel, deutlich anders ist, da der Schädel deutlich kürzer ist, mit kürzerem Rostrum, kürzerem Unterkiefer und anderem Unterscheidungsmerkmale. Es ähnelt stark dem Schädel eines erwachsenen Mannes, der am Fluss Aishihik aufgenommen wurde . Darüber hinaus weisen die ersten beiden Tiere enge Beziehungen zu einem ungeschlechtlichen Schädel auf, den Alcorn am Buckinghorse River in British Columbia erhielt.

Zwei am Unahini River im Yukon-Territorium gefangene Männchen haben die folgenden Außenmaße: Gesamtlänge: 1933, 1812; Schwanz, 150, 96; Hinterfuß, 262, 260; Ohr aus der Kerbe, 129, 131. Andere Exemplare, nur Schädel, die von einheimischen Jägern stammen, sind teilweise gebrochen. Alcorn schreibt, dass die örtlichen Jäger einem Grizzly immer in den Kopf schießen, um sicherzugehen, dass er tot ist.

Mustela erminea arctica (Merriam)

Hermelin

Putorius arcticus Merriam, N. Amer. Fauna, 11:15, 30. Juni 1896. (Typ aus Point Barrow, Alaska.)

Mustela erminea arctica Ognev , Die Säugetiere der UdSSR und angrenzender Länder, 3:31, 1935.

Exemplare untersucht. – Vier aus *Alaska* : N-Seite des Salcha River, 600 Fuß, 25 Meilen. S und 20 Meilen. E Fairbanks.

Bemerkungen. — Ein Hermelin wurde in einer Rattenfalle gefangen; Die anderen wurden bis auf 50 Meter an das gefangene Tier herangeführt, indem sie sie mit quietschenden Rufen in Schussreichweite lockten. Eines der Wiesel näherte sich Alcorn bis auf drei Meter, während er den besagten Anruf tätigte.

Mustela erminea richardsonii Bonaparte

Hermelin

Mustela richardsonii Bonaparte, Charlesworths Mag. Nat. Hist., 2:38, Januar 1838. (Typ aus Fort Franklin, am westlichen Ende des Great Bear Lake, Bezirk Mackenzie, Nordwest-Territorien, Kanada.)

Mustela erminea richardsonii Hall, Jour. Mamm ., 26:180, 19. Juli 1945.

Exemplare untersucht. – Einer aus *dem Yukon-Territorium* : McIntyre Creek, 2250 Fuß, 3 Meilen. NW Whitehorse.

Mustela erminea alascensis (Merriam)

Hermelin

Putorius richardsonii alascensis Merriam, N. Amer. Fauna, 11:12, 30. Juni 1896. (Typ aus Juneau, Alaska.)

Mustela erminea alascensis Hall, Jour. Mamm ., 26:180, 19. Juli 1945.

Exemplare untersucht. – Einer aus *Alaska* : O-Seite des Chilkat River, 100 Fuß, 9 Meilen. W und 4 mi. N. Haines.

Mustela vision energumenos (Pony)

Nerz

Putorius vision energumenos Bangs, Proc. Boston Soc. Nat. Hist., 27:5, März 1896. (Typ aus Sumas, British Columbia, Kanada.)

Mustela vision energumenos Miller, Nordamerika. Land Mamm . 1911, S. 101, 31. Dezember 1912.

Probe untersucht. – Einer (gebrochener und ungeschlechtlicher Schädel) aus *dem Yukon-Territorium* : Champagne, Nordseite des Dezadeash River.

Bemerkungen. — Als Alcorn am 9. August 1947 Elche am Medicine Lake in der Nähe von Circle Hot Springs, Alaska, untersuchte, beobachtete er einen Nerz, über den er Folgendes aufzeichnete: „Nachdem er etwa eine Stunde gewartet hatte, wurde ein großer Nerz gesehen, wie er an Land am Rande nach Norden wanderte des Sees. Es ging weiter und verschwand außer Sichtweite. Ich wartete etwa zwei Minuten und begann dann eine Reihe lauter Quietschgeräusche. Zu unserer Überraschung sahen wir bald, dass es sich unserer Meinung nach um denselben Nerz handelte. In Gesellschaft dieses Nerzes befanden sich fünf weitere. .. Diese Nerze interessierten sich sehr für das quietschende Geräusch und einige kamen bis auf 10 Fuß an mich heran. Sie blieben die meiste Zeit an Land, aber einige von ihnen schwammen kurz ein paar Meter hinaus in den See. Einer hatte ein weißes Kinn, ein anderer hatte einen weißen Fleck auf der Brust. Bei dieser Gruppe handelte es sich möglicherweise um ein erwachsenes Weibchen mit ihren Jungen."

Martes pennanti columbiana Goldman

Fischer

Martes pennanti columbiana Goldman, Proc. Biol. Soc. Washington, 48:176, 15. November 1935. (Typ aus Stuart Lake, nahe dem Quellgebiet des Fraser River, British Columbia, Kanada.)

Exemplare untersucht. — Insgesamt 2, wie folgt: *British Columbia* : 14 Meilen. N Fort Halkett , W-Seite Smith River, 1; N-Seite Liard River, Fort Halkett , 1.

Martes americana actuosa (Osgood)

Marder

Mustela americana actuosa Osgood, N. Amer. Fauna, 19:43, 6. Oktober 1900. (Typ aus Fort Yukon, Alaska.)

Martes americana actuosa Miller, N. Amer. Land Mamm . 1911, S. 93, 31. Dezember 1912.

Probe untersucht. – Einer aus *British Columbia* : N-Seite Liard River Fort Halkett , 1.

Lynx canadensis canadensis Kerr

Kanada-Luchs

Lynx canadensis Kerr, Anim. Kingd ., Bd. 1, systematischer Katalog eingefügt zwischen den Seiten 32 und 33 (Beschreibung, S. 157), 1792. (Typ aus Ostkanada.)

Exemplare untersucht. — Insgesamt 4, wie folgt: *Yukon-Territorium* : Marshall Creek, 3 Meilen. N. Dezadeash River, 1. *British Columbia* : 14 Meilen. N Fort Halkett , W-Seite Smith River, 2; Buckinghorse River, 94 Meilen. S Fort Nelson, 1.

Alces americana gigas Miller

Elch

Alces gigas Miller, Proc. Biol. Soc. Washington, 13:57, 29. Mai 1899. (Typ von der Nordseite des Tustumena Lake, Kenai-Halbinsel, Alaska.)

Alces americanus gigas Osgood, N. Amer. Fauna, 24:29, 23. November 1904.

Exemplare untersucht. — Einer aus *British Columbia* : 15 Meilen. NW Kelsall Lake.

Oreamnos americanus columbiae Hollister

Bergziege

Oreamnos Montanus columbianus JA Allen, Bull. Amer. Mus. Nat. Hist., 20:20, 10. Februar 1904. Nicht *Capra columbiana* Desmilins , 1823.

Oreamnos americanus columbiae Hollister, Proc. Biol. Soc. Washington, 25:186, 24. Dezember 1912. (Typ aus den Shesley Mountains, Nord-British Columbia, Kanada.)

Exemplare untersucht. — Zwei aus *British Columbia* : 12 Meilen. S jct. Liard River und Trout River.

Bemerkungen. — Zwei Schädel männlicher Ziegen wurden von einem Fallensteller, Johnny Pie, erhalten, der sie am 4. Juli 1948 erschoss. Feldaufzeichnungen deuten darauf hin, dass sowohl Bergziegen als auch

Bergschafe häufig von Einheimischen im Gebiet des Liard River gefangen werden.

Ovis dalli stonei Allen

Nördliches Bergschaf

Ovis stonei Allen, Bull. Amer. Mus. Nat. Hist., 9:111, 8. April 1897. (Typ aus dem Quellgebiet des Stikine River, British Columbia, Kanada.)

Ovis dalli stonei Allen, Bull. Amer. Mus. Nat. Hist., 31:28, 4. März 1912.

Probe untersucht. – Einer aus *British Columbia* : Summit Pass, 4200 Fuß, 10 Meilen. S und 70 Meilen. W Fort Nelson.

Bemerkungen. — Das Exemplar hat die folgenden Außenmaße: Gesamtlänge 1474; Schwanz, 84; Länge des Hinterfußes: 400; Ohr von Kerbe, 91. Das Individuum ist ein Mann, sieben Jahre alt, gemessen an den Wachstumsringen an den Hörnern. Der Schädel wird von einer Haut begleitet, die jetzt zu Studienzwecken gegerbt wurde.

* 9 7 8 9 3 5 9 2 5 1 4 2 4 *